优秀技术工人
百工百法丛书

邵志村
工作法

铜精矿火法的
双闪冶炼

中华全国总工会 组织编写

邵志村 著

中国工人出版社

匠心筑梦　技能报国

技术工人队伍是支撑中国制造、中国创造的重要力量。我国工人阶级和广大劳动群众要大力弘扬劳模精神、劳动精神、工匠精神，适应当今世界科技革命和产业变革的需要，勤学苦练、深入钻研，勇于创新、敢为人先，不断提高技术技能水平，为推动高质量发展、实施制造强国战略、全面建设社会主义现代化国家贡献智慧和力量。

——习近平致首届大国工匠
创新交流大会的贺信

序

　　党的二十大擘画了全面建设社会主义现代化国家、全面推进中华民族伟大复兴的宏伟蓝图。要把宏伟蓝图变成美好现实，根本上要靠包括工人阶级在内的全体人民的劳动、创造、奉献，高质量发展更离不开一支高素质的技术工人队伍。

　　党中央高度重视弘扬工匠精神和培养大国工匠。习近平总书记专门致信祝贺首届大国工匠创新交流大会，特别强调"技术工人队伍是支撑中国制造、中国创造的重要力量"，要求工人阶级和广大劳动群众要"适应当今世界科技革命和产业变革的需要，勤学苦练、深入钻研，勇于创新、敢为人先，不断提高技术技能水平"。这些亲切关怀和殷殷厚望，激励鼓舞着亿万职工群众弘扬劳模精神、劳动精神、工匠精神，奋进新征程、建功新时代。

近年来，全国各级工会认真学习贯彻习近平总书记关于工人阶级和工会工作的重要论述，特别是关于产业工人队伍建设改革的重要指示和致首届大国工匠创新交流大会贺信的精神，进一步加大工匠技能人才的培养选树力度，叫响做实大国工匠品牌，不断提高广大职工的技术技能水平。以大国工匠为代表的一大批杰出技术工人，聚焦重大战略、重大工程、重大项目、重点产业，通过生产实践和技术创新活动，总结出先进的技能技法，产生了巨大的经济效益和社会效益。

深化群众性技术创新活动，开展先进操作法总结、命名和推广，是《新时期产业工人队伍建设改革方案》的主要举措之一。落实全国总工会党组书记处的指示和要求，中国工人出版社和各全国产业工会、地方工会合作，精心推出"优秀技术工人百工百法丛书"，在全国范围内总结100种以工匠命名的解决生产一线现场问题的先进工作法，同时运用现代信息技术手段，同步生产视频课程、线上题库、工匠专区、元宇宙工匠创新工作室等数字知识产品。这是尊重技术工人首创精神的重要体现，是工会提高职工技能素质和创新能力的有力做法，必将带动各级工会先进操作法总结、命名和推广工作形成热潮。

此次入选"优秀技术工人百工百法丛书"作者群体的工匠人才，都是全国各行各业的杰出技术工人代表。他们总结自己的技能、技法和创新方法，著书立说、宣传推广，能让更多人看到技术工人创造的经济社会价值，带动更多产业工人积极提高自身技术技能水平，更好地助力高质量发展。中小微企业对工匠人才的孵化培育能力要弱于大型企业，对技术技能的渴求更为迫切。优秀技术工人工作法的出版，以及相关数字衍生知识服务产品的推广，将为中小微企业的技术进步与快速发展起到推动作用。

当前，产业转型正日趋加快，广大职工对于技能水平提升的需求日益迫切。为职工群众创造更多学习最新技术技能的机会和条件，传播普及高效解决生产一线现场问题的工法、技法和创新方法，充分发挥工匠人才的"传帮带"作用，工会组织责无旁贷。希望各地工会能够总结命名推广更多大国工匠和优秀技术工人的先进工作法，培养更多适应经济结构优化和产业转型升级需求的高技能人才，为加快建设一支知识型、技术型、创新型劳动者大军发挥重要作用。

中华全国总工会兼职副主席、大国工匠

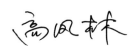

优秀技术工人百工百法丛书

机械冶金建材卷

编委会

作者简介
About The Author

邵志村

1976 年出生，中国有色集团弘盛铜业（以下简称"弘盛铜业"）火法冶炼工，高级技师。

曾获"全国劳动模范""中国有色金属行业技术能手""全国技术能手"等荣誉和称号，入选第二批中央企业"大国工匠"培养支持计划，享受国务院政府特殊津贴。

26 年来，以炉为家，他从反射炉、诺兰达炉、奥斯麦特炉一路走到双闪炉，不断攻坚创新，实现稳产超产的同时，刷新炉寿世界纪录、创立教科书式管理方法，先后发明"拉放隔提"操作法、"三看一听两确认"投料法等核心技术，他和他的团队形成革新成果 56 项，贡献技术专利成果 10 余项，每年为企业创造效益超过 2000 万元。在弘盛铜业试生产过程中，仅用 19 天便将火法冶炼系统全线打通，系统负荷率稳定在 80% 以上，熔炼系统开风时率达到 90%以上，吹炼系统开风时率达到 85% 以上，并先后承担冰铜粒化清水池淤积消除、收尘排烟系统优化、阳极炉还原时长优化等多个关键项目改造优化任务，为弘盛铜业创造同行业打通流程用时最短、产能提升最快、同比产品质量最优等多个"第一"提供核心技术支撑。

炼铜育人 传技授艺

求精务实 创新突破

解志村

目　录
Contents

引　言
Introduction

　　当前，随着中国经济社会进入高质量发展新时代，铜材消费需求量持续稳定增长，铜冶炼加工行业有着较大的发展空间。铜冶炼加工主要是向原料端的铜矿企业采购铜精矿或者回收废杂铜，后经冶炼工艺生产出精炼铜，最终出售给铜材加工企业或贸易商，在铜产业链条中发挥着重要的桥梁作用。铜精矿火法冶炼主要分为铜精矿熔炼、铜锍吹炼、粗铜精炼三个流程。中色大冶弘盛铜业选择了世界先进的闪速熔炼、闪速吹炼、回转式阳极火法精炼工艺方案，相较于其他传统冶炼方法，该工艺组合具有生产效率高、能耗低、环保达标、安全可靠、资源综合利用效率高等优点，符合国家节能降耗、清洁环保的要求，"双闪 + 阳极精炼"系统以外，配套化工制酸系统、电解精炼系统、炉渣选矿系统和动力公辅系统，年产高纯阴极铜 40 万吨，能满足集团公司打造中国有色集团铜产业基地的战略需求。

　　本书主要阐述的是在使用双闪冶炼工艺时，如何解决铜精矿火法冶炼过程中易出现的技术问题，以及解决这些问题时采取了哪些创新方法。

第一讲

冰铜粒化清水池淤积
消除方法

一、冰铜粒化工艺

冰铜粒化作为闪速吹炼原料的初次预处理过程，既关系到吹炼工序能否获得原材料开展生产作业，也决定着熔炼炉熔体排放作业能否正常进行。冰铜粒化工序采用压缩气体将熔融冰铜冲击分散为众多细小的液滴，同时在空中预冷却为半熔态甚至固态的小颗粒，再通过水雾将其冷却，粒化、冷却后的冰铜依靠重力沉降于料仓中。料仓下部装有刮板运输机，将粒化后的沙状冰铜刮出，根据需要再由运输系统运到下道工序。粒化室内安装冷却喷头，冷却喷头喷射带压的水雾在空中对冰铜进行搅动换热，产生的场面水通过地坑收集，压滤后返回粒化清水池，循环使用，粒化系统的水显酸性，需要添加生石灰进行中和，中和过程中产生沉淀造成了清水池淤积等问题。

二、清水池淤积问题

闪速熔炼产出的冰铜中含有溶解的二氧化硫

（SO_2），风淬后与冷却水雾和空气中的氧气发生可逆反应，生成硫酸根溶于粒化水中。加入生石灰中和后会产生不可溶的硫酸钙（$CaSO_4$）沉积于清水池中，造成池体容积变小，且池中沉积的淤泥难以清理。其还原反应按下式进行。

$$2SO_2+O_2+2H_2O \rightleftharpoons 2SO_4^{2-}+4H^+$$

$$SO_4^{2-}+CaO+2H^+ \rightleftharpoons CaSO_4\downarrow+ H_2O$$

由于 $CaSO_4$ 的产生，清水池内粒化水会逐渐向悬浊液转变，变得越发黏稠，导致粒化泵抽吸池内水时更加吃力，粒化泵负荷增大，且水中的沉淀物时常堵塞粒化泵，导致泵的汲水水量变小，无法为粒化过程提供足够的冷却水雾，造成闪速熔炼炉延迟放铜甚至停止放铜，降低冰铜排放量。随着闪速熔炼炉进行投料生产，熔炼炉内的熔体总液面不断上涨，迫使闪速熔炼系统降料。若冷却水量不足并在一段时间内得不到解决，为了生产安全，闪速熔炼将被迫停炉。可见，这一问题严重干扰了熔炼系统生产时序，最终导致冰铜产量下降。

当闪速熔炼炉处于冰铜排放作业时，由于粒化水量不足，被压缩气体打散的熔融液滴，得不到足量的水雾冷却，熔融液滴的温度尚未降到安全线以下，便提前接触到粒化室内部积水，熔融液滴所携带的热量使水瞬间汽化而发生爆炸（行业内所称的"放炮"），将会威胁到人员、设备安全，不利于安全生产。并且当此事故发生时，闪速熔炼炉不得不紧急堵口，耗费人力物力，影响生产正常节奏，导致系统产能下降。

三、生石灰浆化及地坑加药消除淤积

为了解决清水池淤积问题，提出使用片碱代替生石灰中和粒化水的方案，但综合考虑地域气温变化、粒化管道和喷头孔径大小、安全性以及对后续工艺产生的影响等多方面因素，认为使用片碱生成的硫酸钠（Na_2SO_4）和直接引入的氢氧化钠（$NaOH$）会在粒化管内壁和粒化喷头中析出结晶，堵塞管道和喷头，且钠会随着冰铜进入吹炼系统，进而给后续生产工序造成干扰。使用片碱代替生石灰进行了一段时间的生产试验发现，投用初期，粒化喷头出水压力很大，雾化冷却效果非常好，基本没有"放炮"现象的发生。然而持续使用一段时间后，粒化喷头出水压力开始变小，出水量逐渐变小，开始出现"放炮"现象，且吹炼烟灰中的钠含量变高了，证明此方案行不通。其还原反应按下式进行。

$$2SO_2+O_2+2H_2O \rightleftharpoons 2SO_4^{2-}+4H^+$$

$$SO_4^{2-}+2NaOH+2H^+ \rightleftharpoons Na_2SO_4+2H_2O$$

转变思路，独辟蹊径，将沉淀反应的发生过程由清水池转移至地坑中，并通过增加石灰浆化装置提高工作效率。措施如下。

①将生石灰从加入冰铜粒化清水池改为加入地坑，通过地坑内的搅拌装置使泥浆更加均匀，避免地坑泵抽完清液后继续抽吸过浓稠的泥浆时造成管道、阀门或泵体堵塞，减少水泵因负荷过大所造成的损坏。通过压滤机将产生的沉淀从粒化水中分离

出去，从而避免雾化泵、管道、阀门、喷头等设备器件堵塞。

②使用生石灰螺旋往地坑中添加生石灰，并增设生石灰浆化装置，使生石灰浆化后泵入地坑，降低员工劳动强度。

③定期清理地坑中残留的淤积，减少污泥堵塞管道和泵体的频次。

四、淤积消除效果及工艺改进优点

①未进行生产操作调整时，每次放铜前必须对2台雾化泵过滤器进行清理。将生石灰改加入地坑后，雾化泵过滤器堵塞情况得到极大改善，只需定期检查清理即可，因污泥堵塞问题导致铜面过高，进而被迫停炉的事件发生次数降至0。

②降低了检查更换粒化喷头和管道、清理更换过滤器造成的人力资源占用，节约了设备、材料成本。

③减少员工劳动量。每班放铜时，需人工往地

坑加入 500 多 kg 石灰。改用螺旋配合生石灰浆化装置后，这一过程转为机械操作，员工劳动强度大大降低，工作效率得到极大改善。

④只需定期清理地坑中的淤泥，容易协调作业时间，避开放铜作业节点，优化生产节奏，减少放铜作业和清理污泥作业冲突的时间，避免产量减少。

⑤大大降低了因喷头或雾化泵堵塞，导致的紧急堵口事件的发生率；降低了紧急堵口堵不上，导致漫铜的风险，进一步符合安全生产要求。

第二讲

双闪冶炼排烟系统排堵方法

一、排烟系统简介

收尘排烟系统包括余热锅炉、电收尘、烟灰输送系统和相关烟气管道。在闪速铜冶炼过程中，收尘排烟系统一直是影响闪速炉作业时长和高负荷作业率的最主要因素。

经过余热锅炉换热并初步除尘的烟气，通过鹅颈烟道进入沉尘室，再通过电收尘进行高效除尘。电收尘阳极上吸附的烟灰被振打装置振落至灰斗中，被刮板机转移至烟灰仓中，再由烟灰仓下的气力输送装置，输送至闪速炉顶返回闪速炉中。闪速炉作为粉矿冶炼炉，其烟尘量较大，收尘排烟系统及其附属刮板、烟道等是否高效运行，必然会影响到闪速炉内能否正常生产。而排烟系统在整个生产系统中是故障高频区域，为了冶炼系统的正常运作，对排烟系统的控制进行了诸多调整，对其结构和设备开展了一系列改造。

二、排烟系统堵点

1. 烟尘刮板机频繁跳车, 甚至电机轴承断裂

烟尘刮板作为熔炼余热锅炉烟灰运输的枢纽, 一旦发生故障不能及时处理, 将导致前端余热锅炉刮板, 因停运时间过长、积灰过多而无法开启, 闪速熔炼炉被迫降料, 甚至停炉。同时因积灰过多, 检修工作难度大, 设备恢复时间长, 严重影响闪速熔炼炉生产效率。此外, 外排烟灰极易逸散, 一旦逸散将面临巨大的环保压力。烟尘刮板电机轴承断裂如图 1 所示。

图 1　烟尘刮板电机轴承断裂

2. 鹅颈烟道与电收尘入口积灰堵死，炉内冒正压

锅炉出口鹅颈烟道与电收尘入口处，因设计存在缺陷且烟尘黏结性较强，极易造成堵塞，致使炉内负压不稳，严重时冒正压，导致烟气外泄，炉前和楼面作业环境极端恶化，生产作业难以开展。为了保证正常生产，不得不停炉清灰，因鹅颈烟道所处平台狭小且位于高空，清灰作业极难进行，这些都将严重影响闪速炉的正常生产。鹅颈烟道积灰如图 2 所示。

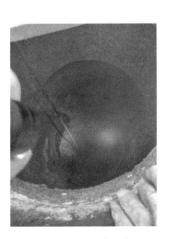

图 2　鹅颈烟道积灰

3. 电收尘入口分布板积灰，第一电场高压不稳

因电收尘入口分布板与第一电场之间积灰，会导致电场短路无法送上高压，影响高频电场收尘效果。若积灰过多将导致刮板卡死，影响电收尘正常使用，将导致排烟系统瘫痪。同时，电收尘内高温条件也给清灰抢修带来极大挑战。电收尘入口积灰和电收尘入口分布板积灰如图3、图4所示。

图3　电收尘入口积灰　　图4　电收尘入口分布板积灰

4. 烟灰仓下料不通畅，烟灰输送泵下料不畅

刮板机向烟灰仓下料时，会使密闭容器烟灰仓内压力增大，反向阻碍烟灰正常落入烟灰仓。烟灰

仓往输送泵下料时，输送泵与烟灰仓虽有排气管，但由于烟灰仓体积小，输送泵并不能完全卸掉内部气压，且刮板机向烟灰仓下料时，也会导致仓内压力增大，致使整套烟灰输送系统运行效率低下。

三、排烟系统工艺控制及设备改造

面对排烟系统产生的问题，技术团队组织精干力量讨论分析，找出排烟系统"堵点"。

1. 工艺控制方面

①生产初期为保证作业环境，一般会选择将炉内负压控制在较大值，导致烟气流速过快，烟尘自然沉降率低，烟灰大量富集于排烟系统末端，致使电收尘易堵塞，且烟气流速过快，烟尘撞击烟道等收尘设备，壁面极易黏结。

②余热锅炉对流部脉冲清灰运行整体周期时间过长，但组与组之间间隔过短，致使对流部积灰过多，脉冲清灰运行时对流部烟灰瞬间增长，A烟尘刮板负荷激增，极易发生刮板压死等故障。

2. 工艺设计及设备方面

①烟尘刮板与锅炉刮板间，烟灰仅能通过刮板运输，一旦 A 烟尘刮板机故障，锅炉烟灰将无法排除。

②电收尘入口处的烟气导流板角度过于平缓，且间距不大，烟灰极易堆积，直至堵死入口。

③烟道上，关键部位缺少振打装置，容易堆积烟灰。

④分布板后方格筛，布置方向与烟气流向垂直且过密，烟灰极易堆积，造成电场短路。

针对这些问题，根据多年积累的冶炼经验，技术团队制定了新的操作方法并对排烟系统进行了一系列改造创新，根治排烟系统诸多疑难杂症，保障生产的顺利进行。

①制定转速梯度，根据炉内负压需求对高温风机进行探索性调整，统计烟尘发生率，记录排烟系统黏结堵塞情况，最终寻求风机转速与炉内负压和排烟系统的最佳运行区间。

②根据投料量大小，及时调整脉冲清灰装置的

运行周期，控制烟灰的富集速度，寻求各投料量下的合适周期，既不能因周期间隔长导致电收尘和烟道内壁黏结，又要避免清灰频率快、时间长带来的刮板和烟尘输送系统负荷过大。

③依托智能工厂平台，开发程序，联动投料量和清灰装置。根据即时投料量，系统会对清灰周期参数智能调整，减轻操作人员的工作量。

④增加振打装置，如图5所示。在余热锅炉出口鹅颈烟道、电收尘入口等关键位置增加振打装置。

⑤增加紧急放灰口。在烟尘破碎机一侧入口下

图 5　增加振打装置

料溜管处增加紧急放灰阀门和管道，用于紧急排放锅炉辐射部烟灰。在对流刮板烟灰下料管上增加紧急放灰阀门和管道，用于紧急排放锅炉对流烟灰。

⑥电收尘改造。割除电收尘入口烟气导流板，如图6所示。将电收尘内格筛改为平行于烟气流向，如下页图7所示，同时间距扩宽为150mm。

图 6　割除电收尘入口烟气导流板

图 7 电收尘内格筛改向

⑦在烟灰仓顶增加通至沉尘室的排气管。沉尘室内负压利于烟灰仓泄压，加快了烟灰流通速率。

四、排烟系统改造成果

①烟道优化后，锅炉鹅颈烟道等烟道堵塞造成的停炉时长降至 0。

②电收尘入口堵塞情况基本消失，电收尘运行故障率降低，电场电压稳定。

③整个排烟系统运行通畅，烟灰趋于平衡，极大地便利了闪速炉炉温控制，为闪速炉高负荷生产

提供了有力保障。同时，大大缩短了排烟系统清灰等停炉时长，提高了闪速炉的作业率。

④烟灰输送效率得到提高，减少了烟灰在仓内的停留时长，避免了烟灰结块堵塞下料口。

第三讲

闪速吹炼——阳极精炼
优化控制法

一、阳极精炼工艺简介

阳极炉精炼过程包括四个阶段：加料保温期、氧化放渣期、还原期、浇铸期，整个过程的核心操作是氧化操作和还原操作。粗铜熔体中，铜比杂质含量多得多，可认为氧化过程中铜首先发生氧化，生成的氧化亚铜（Cu_2O）再将杂质氧化，可见，Cu_2O 起到了传递氧的作用，其还原反应按下式进行。

$$4Cu+O_2=2Cu_2O$$

$$Cu_2O+Me=2Cu+MeO$$

粗铜经过氧化除杂，铜液中仍残留了部分 Cu_2O，需要对这些 Cu_2O 进行还原脱氧，通常采用的还原剂为天然气，其主要成分是甲烷（CH_4）。因为 CH_4 容易分解，到 1000℃时几乎完全分解，并放出氢气（H_2），其还原反应按下式进行。

$$CH_4=C+2H_2$$

$$Cu_2O+H_2=2Cu+H_2O$$

$$Cu_2O+C=2Cu+CO$$

$$Cu_2O+CO=2Cu+CO_2$$

二、精炼时序问题

从 2022 年 11 月 8 日浇筑第一块阳极板到 2023 年 1 月 31 日，各生产设备处于磨合期，工艺参数最优组合处于探索期，阳极精炼的生产出现了一系列问题，其中氧化还原时间过长是生产面临的重大问题。阳极炉单炉的氧化还原周期过长，会导致产出一炉阳极铜所需要的时间变长，单台阳极炉的月产能、年产能均会因此下降，吹炼炉也会因此不得不作出降料甚至停炉操作，以保证吹炼系统和阳极精炼系统的生产安全。同理，随着吹炼降料或停炉时间的累积，熔炼炉也会因为冰铜库存过多而不得不减料。此外，阳极炉生产周期变长，还会造成天然气消耗、电耗、设备损耗、耐材损耗的增高。还原时间长还会造成烟气温度、炉膛温度的持续升高，增大炉内耐火砖烧损速度，影响阳极炉炉寿。而烟气温度过高会给阳极炉排烟系统增加负担，使得阳极炉排烟系统故障率增加。这一问题最终使得火法冶炼系统的粗铜单耗变大，成本变高。为了早日达产达标，需要将氧化还原时间缩短至设计值（4.5 h）以内，优化生产节奏，提产降耗。

三、工艺控制优化

根据过往的阳极炉生产经验，氧化还原时间长这一问题可以从两个方面来分析。

一方面是入炉炉料的氧化程度，即吹炼工序中是否由于所提供的单位氧量过多而造成过吹或欠吹，俗称吹老了或没吹够。若是吹老了，吹炼渣含铜过高，粗铜中的氧含量偏高，可能会造成阳极精炼阶段氧化时间极短甚至没有，而还原时间过长，需要更长的时间还原脱氧。若是吹炼工序单位氧量不够，吹炼渣含铜过低，粗铜中的硫脱除程度不够，就需要在精炼工序上补救，氧化脱硫过程就会延长，氧化还原总时长就会过长。

另一方面是粗铜中的溶解氧会使化验成分不

准。由于闪速吹炼——阳极精炼工艺不同于转炉吹炼，粗铜中的溶解氧含量更高。同时，闪速吹炼炉和转炉的沉淀池存在差别，闪速熔炼炉的沉淀池没有鼓风，是一种静态的沉降方式，而转炉一直在鼓风，是一种搅动状态的沉降方式，粗铜中的溶解氧量更少。后续精炼还原过程中，这部分氧会消耗天然气，使本应参与粗铜中氧化还原反应的天然气减少，降低了还原反应速率，导致还原时间变长。

针对以上两个方面，采取以下几项措施来缩短氧化还原时长，优化生产节奏。

①在不影响吹炼生产的前提下，通过找出吹炼粗铜有利于阳极炉还原的含氧量并加以控制，最终达到缩短还原时间的目的。该控制的最大难点在于粗铜含氧量的化验值不准确。粗铜中的氧元素和硫元素的变化趋势应该相反，而在化验数据中，粗铜中的氧元素和硫元素两者变化趋势相同，可知，硫和氧含量的化验结果误差较大。

吹炼渣含铜可以很好地代替粗铜氧含量的趋势

变化，因为参与吹炼反应的氧气越多，粗铜脱硫便越彻底，粗铜纯度越高，渣含铜的比例就越高，于是以吹炼渣含铜为依据，通过对多个阳极炉炉次的还原时间和吹炼渣含铜进行对比，最终确定吹炼渣含铜控制在 21%~23% 时，阳极炉还原时间最佳。粗铜氧含量、硫含量曲线趋势如图 8 所示。阳极炉氧化时间、还原时间、吹炼渣含铜曲线趋势如下页图 9 所示。

　　②通过氮气代替压缩空气，减少预氧化过程中

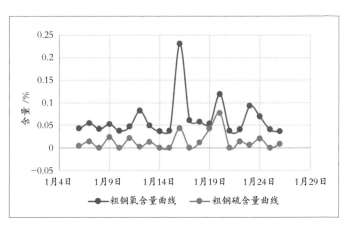

图 8　粗铜氧含量、硫含量曲线趋势

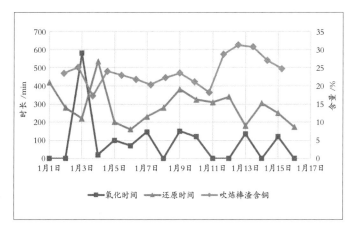

图 9 阳极炉氧化时间、还原时间、吹炼渣含铜曲线趋势

（发生在三次进料期间）的压缩空气的鼓入量，减少阳极炉内熔体的含氧量，最终达到缩短还原时间的目的，既保证了对熔体的充分搅拌和传热效率，又因氮气的吸附性提高了除杂能力。该控制的最大难点，在于相比压缩空气而言，N_2 为惰性气体，不参与燃烧反应，甚至还会带走炉内的热量，无法保证炉内熔体的温度，熔体温度过低会造成熔体流动性差，以及浇铸困难、阳极炉排渣困难等负面影响。

　　第一次进料时，料位低，氧化还原风管在液面上方，压缩空气与熔体接触面积小，预氧化反应速率慢，粗铜氧含量增加得慢。第二次进料时，液面漫过风管，此时通压缩空气对粗铜氧含量增加速度大于第一次进料期间。所以第一次进料期间，采用压缩空气进行保温，第二次进料时，通过取样判断是否需要通压缩空气，这样既减少了阳极炉内熔体的含氧量，又顾及了炉内熔体温度。流动性不好时和流动性好时，阳极炉放渣情况分别如图 10 和下页图 11 所示。

图 10　阳极炉放渣（流动性不好时）

图 11　阳极炉放渣（流动性好时）

③还原时间过长，说明氧化终点含氧量过高，即旧的铜样外观标准已经不适用于双闪工艺下的阳极炉，需要找到新的、适用于双闪工艺下的氧化终点铜样外观标准。该控制的最大难点在于减少氧化终点样氧含量的同时，铜液中的硫含量也会增加，同时，若硫含量增加，则氧化终点样中的气孔会增加，导致化验结果不准确。而铜样外观远远没有数据直观，容易导致操作失误，造成浇铸出的阳极板废板率高。

通过多炉次试验，并尽量得到每次氧化的终点样化验数据，不断吸取经验，最终找到适合双闪工艺下的氧化终点外观样，表面平整且有 1~2 根硫丝冒出。原氧化终点标准样及其化验成分如图 12 所示。改良后氧化终点标准样及其化验成分如图 13 所示。

Cu/%	S/%	O/%
99.19928	0.00015	0.60875

图 12　原氧化终点标准样及其化验成分

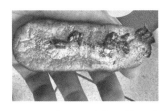

Cu/%	S/%	O/%
99.18029	0.0141	0.5363

图 13　改良后氧化终点标准样及其化验成分

④还原初期通入天然气流量控制值的下限，还原后期通入天然气控制值的上限，是为了减少氧化还原周期，让粗铜未完全氧化就开始还原，所以初

期少通入天然气，以此来保证初期还有部分粗铜在氧化。

四、工艺优化成果

通过优化操作后，阳极炉的氧化还原时间从2022 年 12 月的 6.5~8.5h，降到了 2023 年 1 月的4~5.5h，2023 年 2 月降到了 3~3.5h。2 月的氧化还原时间完全低于初步设计值的 4.5h，这为日后提产增效奠定了良好的基础。通过上述操作主要是想减少氧化时间和还原时间，氧化时间的确也从初步设计值的 2h 减少到 0.5~1h，还原时间基本也与初步设计值的 2.5h 相一致。

由于还原时间的缩短，还原过程中所消耗的天然气量也降低了很多，单耗变小，吨铜耐材的消耗变小。

①通过工艺改进每炉次相比设计值能够节省1h，则每年可以节省 646h，646h 折合炉次（每炉次 24h）为 27 炉次，按每炉次产 626.5t 阳极铜计算，

则每年可以额外产出 626.5×27=16915.5t 阳极铜。

②减少了阳极精炼过程中的能源消耗，一般情况下为 $12Nm^3/t$ 阳极铜左右，通过工艺改进之后还原天然气消耗一般为 $5.6Nm^3/t$ 阳极铜左右。节省的天然气每年可达 404719×（12-5.6）=$2590201.6Nm^3$，按目前天然气价格为 3.3 元 $/Nm^3$，则每年可以创造 2590201.6×3.3 = 854.77 万元的效益。

③减少了还原过程中阳极炉排烟系统和阳极炉的热负荷，降低了阳极炉排烟系统的故障率，延长了阳极炉的使用寿命。

第四讲

双圆盘浇铸机增加
顶针捶打装置

一、顶针捶打装置简介

1.顶针捶打装置的结构

顶针捶打装置包括以下两个部分。

①机械部分。

机械部分主要包括气缸、调节接头、钢丝绳、重锤、卡扣等。通过现场设计论证选择合适的气缸，将调节接头安装到气缸上，然后将45cm的钢丝绳一端穿过带内螺纹的调节接头，用卡口固定死。另一端穿过重锤，用卡口固定死，从而将其组装成机械部分。机械结构如图14所示。通过气缸

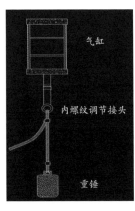

气缸

内螺纹调节接头

重锤

图14　机械结构

伸出和收回带动重锤上下动作，调节接头可以调节重锤与气缸中间钢丝绳连接部分的行程。

②电气部分。

电气部分主要包括小型 PLC CF2n-20MT、气动角座阀、NXJ/2ZD 24V 中间继电器、气缸上下限位、DZ47-60-C3 空开和报警器等。电气结构如图 15 所示。在小型 PLC 中编写程序，一旦接收到双圆盘浇铸机模具到位信号，就使中间继电器吸合，输出 24V 电压来控制气源控制箱内气动角座阀气源开关，通过控制气源来控制气缸动作。

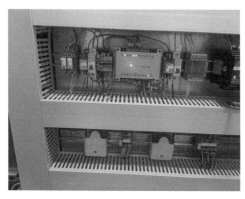

图 15　电气结构

气缸上下限位安装于气缸上下部分合适行程的位置，用来判断气缸伸出和收回的行程是否到位。

DZ47-60-C3 空开用来做一个电气保护，当电路和线路发生短路故障时，空开会直接跳闸，从而现场气缸和重锤停止运行，起到保护作用。

报警器用来判断现场气缸伸出或收回是否到位，当气缸伸出或收回未到位时，报警器会进行报警，提醒现场人员进行处理。

2. 顶针捶打装置的工作原理

在小型 PLC 中编写设定好的程序，当其接收到双圆盘浇铸机模具到喷涂罩下方的到位信号时，触发顶针捶打装置，控制柜内中间继电器吸合，输出24V 电压给气体控制的电磁阀线圈，继而通过控制气源实现气缸动作到下限位，带动用钢丝绳连接到气缸上的重锤动作，打到下方顶针上，延迟 2s 后，控制气缸收回到上限位，从而带动重锤收回。电气原理如下页图 16 所示。

通过气缸上安装的上下限位来确定气缸伸出和

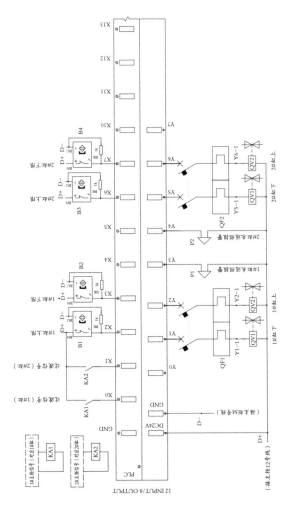

图 16 电气原理

收回是否到位，从而判断顶针捶打装置的重锤是否打到顶针，未打到顶针则会进行下限位报警。上限位则是确定气缸是否收回到位，如果气缸未到位也会进行"气缸未返程的报警"，保证了在气缸带动重锤未打顶针或气缸带动重锤未收回时现场人员能听到报警并及时发现和处理，并对气缸伸出后收回的时间进行了延时设置，保证了顶针捶打装置每次都能把顶针捶打到位和捶打充分。

气缸和重锤中间用可调节接头和钢丝绳连接，钢丝绳保证了连接的硬度和强度，使气缸带动重锤向下或者向上动作时，不会存在较大晃动和重锤掉落的情况。通过可调节接头，人员可以手动调节重锤到顶针的距离。当重锤离顶针较近和捶打力度不够时，通过顺时针扭动调节接头，可使重锤离顶针的距离变大，从而使重锤下落的距离变长，使捶打力度也变大；当逆时针扭动调节接头时，可使重锤离顶针的距离变小，从而使重锤下落的距离变短，使捶打力度也变小。气缸工作原理如下页图17所示。

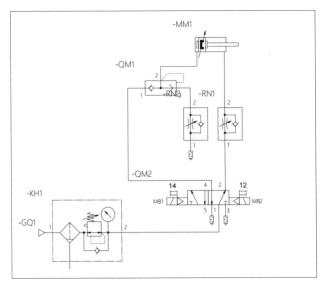

图 17　气缸工作原理

二、人工捶打顶针的隐患和局限性

双圆盘浇铸机喷涂罩位置的铜模顶针，在浇铸铜水时为了防止顶针黏模、卡住和顶针落不到位，需要有专人一直守着，用小锤对每一个铜模顶针进行捶打、敲击，如下页图 18 所示，每天每人平均需要敲击 1600 余次，存在安全隐患。

每次浇铸时，人员全程站在其前面对每个铜模

图 18　双圆盘浇铸铜水时操作人员人工捶打现场

顶针捶打，不仅需要消耗大量人力和物力，而且人
工捶打会存在遗漏或者分神的情况，造成顶针没有
捶打到位，导致顶针黏结、卡住损坏模具，导致模
具无法使用，严重时，则需要停止圆盘进行更换顶
针或模具，影响了正常的生产。更严重时，则该模

具模位无法浇铸铜水，每一周期 18 块模具无法保证每一个模具都能浇铜水产出阳极板，从而降低了产量。

三、顶针捶打装置的运用效果

1. 增加顶针捶打装置的效果

①减少了人力和物力消耗。增加顶针捶打装置后，每次双圆盘浇铸铜水时，不需要安排人员在喷涂罩一直守着捶打顶针，操作人员在操作室操作即可，如下页图 19 所示，更加方便快捷，实现了自动化，从而减少了人力和物力的消耗，每年节约人力成本约 40 万元。

②提高了顶针和模具的使用寿命。增加顶针捶打装置后，重锤捶打顶针的位置和力度基本一致，不存在遗漏某一块模具顶针未捶打情况。从而降低了因人工捶打顶针时，捶打力度不够、捶打位置不固定和遗漏，而导致顶针黏模取不出、顶针上表面变形、顶针或铜模不能使用需要更换的情况，一定

程度上提高了顶针和模具的使用寿命，每年节约备件成本约 26 万元。

③保证了生产和产量。增加顶针捶打装置，顶针因没有捶打到位或力度不够使顶针黏结、卡住、损坏，导致模具或顶针无法使用，需要浇铸铜水时，停设备、更换顶针和铜模的情况减少。因顶针没有捶打到位或力度不够，导致顶针与铜模黏结严重无法浇铜，无法保证每一周期 18 块模具都能浇铜水产出阳极板的情况减少，从而保证了生产和产量。

图 19　双圆盘浇铸铜水时操作人员在操作室操作现场

2.顶针捶打装置在双圆盘浇铸机中的运用

在目前冶金行业中，浇铸铜水运用到双圆盘浇铸机设备时都存在喷涂罩中的铜模顶针需要人工进行捶打的现象，消耗太多人力、物力和财力。而顶针捶打装置能从根本上解决问题，对使用双圆盘浇铸机设备的冶金行业，其实用性、运用性都非常高，不仅减少人力、物力和财力的消耗，而且进一步助力工业自动化的实现。

第五讲

非衡态高浓度转化工艺优化

一、非衡态高浓度转化工艺简介

"非衡态"高浓度转化技术通过抑制二氧化硫（SO_2）在第一段催化剂层反应的转化率，使烟气在达到 SO_2 平衡转化率前的某预设转化率时离开催化剂层。既控制了一层烟气出口温度低于 630℃，也使出口烟气中 SO_2 浓度降低到常规转化的一层入口浓度。

本项目转化器采用中心进气方式，每层催化剂在中心筒开设 9~12 个进气孔，同时在一段催化剂层上空设计了气体分布孔板，优化气体在床层的均匀分布。一段催化剂选择孟莫克公司的环形催化剂（CS-110），适当提高非衡态层压降，进行局部结构优化，有效解决非衡态层下部温度不均匀问题。

二、非衡态高浓度转化工艺存在的问题

①转化一段床层下部温度比设计偏高，设计 SO_2 体积分数 15% 时，催化剂层下部温度 595℃，实际生产 SO_2 体积分数 11.5% 时，温度已达 620~670℃。

②一段床层上部气室冷热气体混气不均匀,易发生偏流现象,同高度床层温度偏差在不干预情况下可达 180℃以上。

③一段进口温度偏高达 40~50℃,设计温度 400℃。

④二段进口温度在一段床层偏流后,温度难以保证。设计温度 425℃,偏流后造成二至五段转化温度出现"过山车"现象,总转化率下降明显。

⑤由于偏流,在调整降温操作中,出现高温很难降温、低温降温不止现象。

⑥转化处理 SO_2 体积分数未达设计值（15%）,实际处理体积分数只有 11%±0.5%。

三、非衡态高浓度转化工艺优化措施

1. 同行业调查

①初步设计比较。

同行业初步设计比较如下页表 1 所示。

②实际生产调查。

表 1　同行业初步设计比较

项目	同行业 1	同行业 2	本公司	同行业 3	同行业 4
SO_2/%	14.156	16	15	16	16
O_2/%	12.188	15.36	15.18	12.68	12.75
产能 MTPD	3140	2472	2403	3687	5444
气量/(Nm³/h)	210969	147174	152621	219747	324453
转化器直径/m	11.6	9.5	9.7	13/14.2	14/16.8
Pass1a	Xcs-12026400L	Xcs-12018000L	CS-11021800L	托普索 36m³	一段上部，50m³
Pass1b	XLP-12026400L	XLP-11018000L	LP-11021800L	托普索 36m³	一段下部，51m³
床层高度/mm	500	508	590	543	656
气速/(Nm/s)	0.56	0.58	0.57	0.46	0.59
压降/mmH₂O	85	91	149	75	130
进口温度/℃	400	400	400	400	400
出口温度/℃	563	589	576	590	580
大气压/(mmHg)	710	759	752	760	760
转化器形式	中心筒	非中心筒	中心筒	中心筒	中心筒（未投产）

同行业 1：一段下部温度高点 645℃，低点 603℃。一段进气温度 403~410℃，SO_2 体积分数 14.6%，风量 19 万，转化率估算 56%。

同行业 2：低风量 9 万气量，进气 10.9% 体积分数，一段进 401℃，最高温 605℃，最低温 523℃，转化率估算 46%。

同行业 3：转化（一期）SO_2 体积分数 14.7%，O_2 体积分数 13.6%，一段进口温度 385℃，风量 21 万，催化剂下部温度最高 575℃，最低 442℃，表显转化率估算 40.7%。

③比较分析。

同行业 1：一段催化剂层温度相对偏高，转化率偏高，情况与本公司比较相近。另外 2 家非衡态转化率达到了设计要求，相同之处一段进口温度低，在 385~400℃，且在进入一段催化剂层之前，烟气已充分混气均匀，催化剂层上层象限温差小。

催化剂装填初始高度：500mm、508mm、590mm（本公司）、543mm、479mm/492mm。

设计气速：0.56Nm/s、0.58Nm/s、0.57Nm/s（本公司）、0.46Nm/s。

进气流程：成功同行业一段烟气进入催化剂之前已混气均匀，催化剂层象限温差小。

2. 制定措施

一段进口温度高于设计温度，Ⅰ热交换器换热面积过大仍是主要原因，催化剂层上空进行大气量冷热气体混气难以达到混气均匀。经过多轮重新核算，二系列Ⅰ热交换热面积由第一次方案的占盲管面积 25% 扩大到 35%。

计算详情：

Ⅰ热交壳程进口温度：（660+664+662+663）/4=662.25℃

壳程出口温度：420℃（二层进口温度）

壳程进出口温差：662.25–420=242.25℃

Ⅰ热交管程进口温度：164.6℃

管程出口温度：（424+431+430+427）/4=428℃

管程进出口温差：428–164.6=263.4℃

若管程入口温度为210℃，出口为400℃，温差为190℃，温差相比增大了：

$$(263.4-190)/190=38.63\% \qquad (1)$$

Ⅰ热交对数温差计算：662.25~420℃

$$428~164.6℃$$

对数温差：244.67℃

若Ⅰ热交管程入口温度提高至设计值210℃，出口为400℃。壳程进口温度为：600℃（催化剂厂家提供），出口为：425℃

对数温差计算：600~425℃

管程温度：400~210℃

对数温差：207.4℃

对数温差相比增大了：

$$(244.67-207.4)/207.4=17.97\% \qquad (2)$$

因此，假设换热系数不变，就目前工况Ⅰ热交，设计提高值由（1）和（2）可计算出为（1+38.63%）÷（1+17.97%）=117.5%，即17.5%。

考虑到以上计算是基于体积分数为15.1%的工

况，将来体积分数可能达到 16.5%，Ⅰ热交需要的面积比现在更大，假设转化率不变的情况下，需要的面积比现在大（16.5–15.1）/15.1=9.3%。

因此二系转化在一系转化的基础上再盲 17.5%–9.3%=8.2%。

鉴于目前实际生产 SD2 阀开度保持在 0~40%，H4 冷激阀长期 100% 现状，冷热换热器四换换热温差达 160℃ 以上，高于设计值（120℃）40℃ 以上，本次向设计院提出对四换也进行盲管优化，降低换热温差 20~30℃，经设计院核算决定进行盲管 20% 优化。目的是释放 H4 阀的操作调节功能，同时防范一换盲管 35% 后，其他可能存在的不准确性对后期生产的影响，同时弱化 A1 阀的调节功能，减小大量冷热气体在一段催化剂层上空混气操作。

88.2——235 Δt=146　　88.2——220 Δt=131.8

156——294 Δt=138　　169.4——294 Δt=124.6

Δ:67.8　　59　　　　81.2　　　74

（146–131.8）/146=9.7%　　　（3）

$$\Delta T_1 = （67.8-59）/\ln 67.8/59=63.3$$

$$\Delta T=（81.2-74）/\ln 81.2/74=77.5$$

$$（77.5-63.3）/63.3=22.4\% \qquad （4）$$

由（3）和（4）叠加：0.097+0.224=0.321，即32.1%。

生产过程中 SO_2 体积分数9.8%，气量135316Nm³/h，若气量150000Nm³/h，则需要的面积为：150000/135316=1.11倍，32.1%-11%=21.1%。

鉴于转化非衡态的优劣特点，本着催化剂装填量的实际和设计初衷，本次催化剂拔出仍保持谨慎态度优化，只拔出3m³上部铯催化剂，高度约4cm。

四、非衡态高浓度转化工艺优化效果

转化一系在2023年2月1日进行了优化施工，对Ⅰ热交换器进行了盲管遮蔽（遮蔽列管面积25%）。优化施工后，主要取得了四个方面的实效。

①处理烟气的 SO_2 体积分数从原先的11%提高到了13.7%。

②一段进口温度下降约 25 ℃（目前在 415~ 420 ℃）。

③一段催化剂下部温度从原来的时常超温到现在的基本不超温。

④二段进口温度抗冲击、抗波动能力明显提高，温度"过山车"现象得到好转。

转化二系在 2023 年 3 月 7 日进行了优化施工，对 I 热交换器进行盲管遮蔽（遮蔽列管面积 35%），对 IV 热交换器进行盲管遮蔽（遮蔽列管面积 20%），对一段铯催化剂拔出 3m³，重新找平，催化剂层厚度降低 37mm。优化施工后，主要取得以下实效。

①处理烟气的 SO_2 体积分数从原先的 11% 提高到了约 15%。

②一段进口温度下降约 30 ℃（目前在 410~ 415 ℃）。

③一段高浓度非衡态转化率下降到 52%~56%。

④满足了火法系统加料量（260+80）t/h 的生产需求。

后 记

中国已经进入了高质量发展新时代，对科技创新量的需求越来越大，对质的要求越来越高。而今全球科技发展日新月异，中国的科技创新投入也在稳步提升，科技创新成果竞相涌现，已然成为不可忽视的创新大国。然而在一些高新技术层面，我们国家与世界先进水平仍有较大差距，要想从创新大国转变为创新强国，摘掉"大而不强"的帽子，我们还有很长的一段路要走。

在我参加工作之初发生的一件事，使我更明白科技创新才是核心竞争力。我向加拿大诺兰达炉的技术员请教技术上的一些问题，不想对方拒绝回答："别问了，你们中国（工人）不行，你们这个技术掌握不了。"加方人员的傲慢无礼更加坚定了我和同事们坚持学习创新、努力打破技术封锁的决心。多年来，我们凭着这一股心气，从顺利接手诺兰达炉，到走上同时期世界最先进的澳炉和双闪炉，从劳模创新工作室走进技能大师工作室，将创新创效当作一种习惯，带动身边的员工主动学习新工艺、新理念，在工作中善于探索新方法、新路径，为企业生产经营增添更多效益，创造更大价值。

以上是我在20余载工作生涯中，立足工作实际感悟有关创新发展的点滴体会与心得。其中有许多想法不够成熟、思虑不够周全、实践尚有缺陷之处，还望诸君与社会各界专家精英不吝指出，并提出宝贵意见和建议。在此，也衷心祝愿祖国能早日跻身世界"创新强国"之列，在党的带领下全面建成社会主义现代化强国！

邵志村

2023 年 5 月

图书在版编目（CIP）数据

邵志村工作法：铜精矿火法的双闪冶炼 / 邵志村著. —北京：中国工人出版社，2023.7
ISBN 978-7-5008-8231-2

Ⅰ.①邵⋯ Ⅱ.①邵⋯ Ⅲ.①炼铜－火法冶金 Ⅳ.①TF811

中国国家版本馆CIP数据核字（2023）第126499号

邵志村工作法：铜精矿火法的双闪冶炼

出 版 人	董　宽	
责 任 编 辑	时秀晶	
责 任 校 对	张　彦	
责 任 印 制	栾征宇	
出 版 发 行	中国工人出版社	
地　　　址	北京市东城区鼓楼外大街45号　邮编：100120	
网　　　址	http://www.wp-china.com	
电　　　话	（010）62005043（总编室）	
	（010）62005039（印制管理中心）	
	（010）62046408（职工教育分社）	
发 行 热 线	（010）82029051　62383056	
经　　　销	各地书店	
印　　　刷	北京美图印务有限公司	
开　　　本	787毫米×1092毫米　1/32	
印　　　张	2.5	
字　　　数	35千字	
版　　　次	2023年8月第1版　2023年8月第1次印刷	
定　　　价	28.00元	

.